职业技能短期培训

美容与保健类培训大纲

劳动和社会保障部培训就业司组织制定

中国劳动社会保障出版社

图书在版编目(CIP)数据

职业技能短期培训美容与保健类培训大纲/劳动和社会保障部培训就业司组织制定. —北京：中国劳动社会保障出版社，2008

ISBN 978 - 7 - 5045 - 7111 - 3

Ⅰ. 职… Ⅱ. 劳… Ⅲ. ①美容-技术培训-教学大纲②保健-技术培训-教学大纲 Ⅳ. ①TS974. 1 - 41②R161 - 41

中国版本图书馆 CIP 数据核字(2008)第 052002 号

中国劳动社会保障出版社出版发行

(北京市惠新东街 1 号 邮政编码：100029)

出 版 人：张梦欣

*

北京鑫正大印刷有限公司印刷装订 新华书店经销

850 毫米×1168 毫米 32 开本 2.125 印张 42 千字

2008 年 4 月第 1 版 2008 年 4 月第 1 次印刷

定价：5.00 元

读者服务部电话：010 - 64929211

发行部电话：010 - 64927085

出版社网址：http://www.class.com.cn

目　　录

劳动和社会保障部司发函(劳社培就司函[2008]8号)
关于印发农村劳动力转移就业引导性培训教学计划及部分技能培训大纲的通知 …………………… (1)
美容基本技能培训大纲 …………………………………… (14)
美发基本技能培训大纲 …………………………………… (21)
美发助理培训大纲 ………………………………………… (28)
美甲基本技能培训大纲 …………………………………… (34)
保健按摩基本技能培训大纲 ……………………………… (39)
保健拔罐基本技能培训大纲 ……………………………… (45)
手足修复培训大纲 ………………………………………… (51)

劳动和社会保障部司发函

劳社培就司函［2008］8号

关于印发农村劳动力转移就业引导性培训教学计划及部分技能培训大纲的通知

各省、自治区、直辖市劳动和社会保障厅（局）：

为了规范农民工培训教学工作，我部组织有关专家制定了《农村劳动力转移就业引导性培训教学计划》和《制造与修理类培训大纲》《餐饮酒店类培训大纲》《服装制作类培训大纲》《美容与保健类培训大纲》《建筑与装饰类培训大纲》《文秘与计算机类培训大纲》，现印发你们，请参照执行。对执行过程中遇到的问题和建议，请及时向我司和我部职业培训教材工作委员会办公室反馈。

劳动和社会保障部培训就业司

二〇〇八年一月十四日

农村劳动力转移就业引导性培训计划

一、培训目标

对农村转移劳动力开展引导性培训，主要是进行有关基本权益维护、安全生产和劳动保障基本知识、城市生活常识、寻找就业岗位的方法等方面的培训，目的在于提高他们遵守法律法规和依法维护自身权利的意识，树立正确的就业观念。其主要培训目标是：

1. 了解国家关于农村劳动力转移就业的政策，树立正确的就业观念。

2. 了解进城就业的途径和条件，学习寻找就业岗位的方式、方法。

3. 树立安全生产意识和劳动保护意识，自觉预防工伤事故和职业病。

4. 了解必要的劳动和社会保障法律基本知识，学习用法律的武器维护自身的合法权益。

5. 增强遵守社会公德的意识，了解城市生活基本常识，掌握日常生活事务的处理方法，适应城市生活。

二、培训课程安排

引导性培训分为基础模块和专题模块两部分：基础模块的内容是农村转移劳动力进城务工教育，专题模块的内容是农民工安全生产和农民工权益维护。基础模块培训是针对农村转移劳动力进城就业中有关问题的一个综合性培训，专题模块培训是针对农民工的安全生产、权益维护等问题的专门性培训。培训机构应保证引导性培训各模块的教学，但可根据实际教学情况，在本培训计划的基础上调整各模块的具体学时。

引导性培训各模块中又细分为若干学习模块，每个学习模块由学习目标、主要内容和培训学时组成。

基础模块　进城务工教育

学习模块 1	做好务工准备　学会寻找工作
学习目标	了解国家关于转移就业的政策，掌握进城就业的途径和条件，学习寻找就业岗位的方式、方法，树立正确的就业观念
主要内容	1. 做好进城就业的思想准备，正确认识进城就业的意义，了解城乡平等的就业政策
	2. 了解掌握职业技能的重要性，积极参加职业培训，努力提高职业能力
	3. 了解进城就业的手续准备，正确选择务工地区和外出时机
	4. 了解公共就业服务机构和一般职业中介机构，选择进城就业的合适途径
	5. 了解适合农民进城就业的行业或职业（工种）及其要求，正确分析自身情况，寻找适合自己的工作

续表

学习模块 1	做好务工准备　学会寻找工作
培训学时	2
学习模块 2	签订劳动合同　维护合法权益
学习目标	了解签订劳动合同的重要性，了解进城就业劳动者享有的劳动和社会保障权益，掌握维护自身合法权益的途径
主要内容	1. 了解签订劳动合同的重要性以及劳动合同的基本内容，正确签订劳动合同
	2. 了解无效劳动合同，了解劳动合同终止、解除的条件
	3. 了解违反劳动合同应承担的责任
	4. 了解工资支付的有关法律规定，认识克扣、拖欠工资属于违法行为
	5. 了解加班工资的有关法律规定和合法扣除工资的情况
	6. 了解依法参加社会保险是进城就业人员的权利，初步了解参加基本养老、医疗、工伤、失业、生育保险能享受的待遇
	7. 了解认定工伤情形及认定工伤的程序
	8. 了解维护自身合法权益的途径，学会用法律武器保护自己
培训学时	5
学习模块 3	注意安全生产　做好劳动保护
学习目标	树立安全生产和劳动保护意识，自觉预防工伤事故和职业危害
主要内容	1. 了解劳动者的安全生产基本权利和基本义务，了解违反安全生产规定应承担的法律责任
	2. 牢固树立“安全第一”的思想，认识安全标志，了解劳动防护用品的使用
	3. 掌握岗位操作基本安全知识，了解事故处理原则和急救措施
	4. 了解特种作业安全管理，了解职业危害及其预防
培训学时	3

续表

学习模块 4	遵守社会公德　适应城市生活
学习目标	增强自觉遵守社会公德的意识，了解城市生活基本常识，掌握日常生活事务的处理方法
主要内容	1. 了解社会公德主要规范，养成自觉遵守社会公德的良好习惯
	2. 学习自觉遵守城市生活的法律法规，如交通规则、治安管理规定，继续遵守计划生育规定
	3. 了解城市生活基本常识，努力适应城市生活
培训学时	2
总培训学时	12

专题模块一　农民工安全生产

学习模块 1	安全生产方针
学习目标	了解安全生产的意义与重要性，了解安全生产的基本方针，增强安全生产意识
主要内容	1. 正确认识安全生产的重要意义
	2. 坚持“安全第一，预防为主，综合治理”的安全生产基本方针
	3. 增强安全生产法律意识
培训学时	0.5
学习模块 2	**安全生产权利和义务**
学习目标	明确安全生产的权利和义务，正确行使安全生产权利，自觉履行安全生产义务
主要内容	1. 了解各项安全生产权利，包括对安全生产的知情权与建议权；对安全生产的批评、检举、控告权；有权拒绝违章指挥和强令冒险作业；在发现直接危及人身安全的紧急情况时，有权停止作业或者在采取可能的应急措施后撤离作业场所等

续表

学习模块 2	安全生产权利和义务
主要内容	2. 了解劳动安全保护是劳动合同的重要内容，坚决抵制“生死合同”“暗箱合同”“霸王合同”“卖身合同”“双面合同”等违法行为，保障劳动者的劳动安全
	3. 了解工伤保险赔偿权
	4. 了解法律规定的休息和休假权
	5. 了解法律赋予女职工以及未成年人的特殊劳动保护权利
	6. 了解各项安全生产义务，包括严格遵章守制，服从管理，正确佩戴和使用劳动防护用品的义务；接受安全生产教育和培训的义务；在发现事故隐患时负有及时报告的义务
培训学时	0.5
学习模块 3	**安全生产职责与基本要求**
学习目标	遵守安全行为规范，积极接受安全培训，明确安全责任，做好安全检查，保证生产安全进行
主要内容	1. 了解不安全行为和不安全心理状态，杜绝不安全行为，养成自觉遵守安全行为规范的好习惯
	2. 了解三级安全教育制度和特种作业持证上岗制度，积极参加安全培训
	3. 了解安全生产责任制的内容，明确职工的安全生产职责
	4. 了解安全检查内容，减少和控制“三违”行为，做到“三不伤害”；事故处理坚持“四不放过”
	5. 了解工伤的认定以及申请工伤认定与赔付的流程
培训学时	0.5
学习模块 4	**安全作业基本知识**
学习目标	正确识别安全标志和安全色，正确使用各种劳动防护用品，掌握安全作业基本知识，提高安全作业能力

续表

学习模块4	安全作业基本知识
主要内容	1. 了解安全标志和安全色
	2. 了解劳动防护用品及其使用注意事项
	3. 掌握基本电气知识，作业场所正确用电，防止触电事故
	4. 了解常见机械伤害事故，遵守机械设备安全操作守则
	5. 了解易引起火灾和爆炸的危险因素，了解防火防爆的规章制度，掌握火灾报警知识和常见灭火方法
	6. 了解危险化学品的种类及其危害，严格遵守运装、储存危险化学品的安全要求，了解对危险化学品火灾的紧急处置措施
	7. 了解起重、搬运作业的安全规定，照章执行
	8. 了解建筑行业各种作业条件和作业环境下的安全要求（选学）
	9. 了解矿山作业各种作业条件下的安全要求，了解瓦斯和煤尘爆炸事故、顶板事故、井下火灾和水灾事故等的预防和处置措施（选学）
培训学时	2
学习模块5	**职业健康**
学习目标	了解职业危害因素，做好作业场所和个人的职业卫生防护措施，预防和减少职业病的发生
主要内容	1. 了解职业危害的含义及类别，了解我国法定职业病的种类，了解容易引发职业病的行业及其职业危害形式，掌握预防职业危害的方法
	2. 了解粉尘性污染的危害和综合治理方针
	3. 了解职业中毒的危害以及常见职业中毒的典型症状，了解综合防毒措施
	4. 了解噪声污染的危害及减小和控制作业场所噪声危害的措施
	5. 了解高温作业对人体的不利影响以及防暑降温的主要措施
	6. 了解作业场所放射性辐射的危害及其防护措施

续表

学习模块5	职业健康
培训学时	1
学习模块6	事故处理与自救互救
学习目标	了解常见事故发生后的应急处理措施，掌握自救互救基本知识与技能
主要内容	1. 了解事故现场的紧急处理原则
	2. 了解常用急救技术
	3. 了解对触电者的现场急救方法
	4. 了解火灾发生时的避险和逃生方法
	5. 了解对中毒窒息者的现场救护
	6. 了解遇到毒气泄漏的应急措施
	7. 了解发生化学烧伤的救护措施
	8. 了解发生热烧伤的救护措施
	9. 了解发生眼外伤的急救措施
	10. 了解发生高处坠落的急救措施
	11. 了解发生中暑的急救措施
培训学时	1.5
总培训学时	6

说明：部分内容在基础模块教学中已有介绍，故本模块所给的培训学时相应减少，培训机构可根据培训对象实际情况作调整。

专题模块二　农民工权益维护

学习模块1	劳动合同是农民工维护自身权益的护身符
学习目标	明确签订劳动合同是维护自身权益的前提，解除劳动合同也应依法而行

续表

学习模块 1	劳动合同是农民工维护自身权益的护身符
主要内容	1. 了解用人单位不依法签订劳动合同应承担的责任，以及劳动合同必备条款
	2. 了解试用期的法律规定
	3. 了解劳动者可以要求订立无固定期限劳动合同的条件
	4. 了解劳动者在什么情况下可以解除劳动合同，并要求用人单位支付经济补偿
	5. 了解什么情况下用人单位可以随时解除劳动合同
	6. 了解对用人单位解除劳动合同的限制规定，以及固定期限劳动合同到期终止，用人单位支付经济补偿的规定
	7. 了解劳动者提前解除劳动合同的法律规定
	8. 了解从事劳务派遣或非全日制用工的法律规定
培训学时	1
学习模块 2	依法获得工资是农民工的基本权益
学习目标	了解法律对工资的有关规定，明确依法获得工资是农民工的基本权益
主要内容	1. 了解支付工资的法律规定，结合实例正确分析企业“无故拖欠”劳动者工资的行为
	2. 了解合法扣除工资的情况
	3. 了解什么是最低工资
	4. 了解建筑业企业农民工工资的支付规定
培训学时	0.5
学习模块 3	休息休假也是农民工的合法权益
学习目标	了解法律对工时制度的规定，明确休息休假是法律赋予劳动者的权利，加班有获得加班工资的权利

续表

学习模块 3	休息休假也是农民工的合法权益
主要内容	1. 了解我国的工时制度，哪些用人单位和人员可以实行不定时工作制和综合计算工时工作制
	2. 了解延长工作时间的规定和延长工作时间的工资支付
	3. 了解女职工特殊假期的休息休假规定
培训学时	0.5
学习模块 4	**农民工有权获得职业安全条件和劳动保护**
学习目标	加强农民工的职业安全和劳动保护意识，保障自身的职业安全卫生权利
主要内容	1. 了解农民工的职业安全卫生基本权利及其对农民工的保障作用
	2. 了解职业危害和职业病，掌握从事具有职业危害性工作应采取的预防措施
	3. 熟悉劳动防护用品及其佩戴注意事项
	4. 了解特种作业及国家对从事特种作业人员的作业要求
培训学时	0.5
学习模块 5	**工伤保险是农民工的安全网**
学习目标	明确参加工伤保险可享有的权利，了解工伤认定和农民工工伤待遇的法律规定，依法参加工伤保险
主要内容	1. 了解农民工有权参加工伤保险
	2. 了解农民工在哪些情况下受伤属于工伤
	3. 了解发生工伤后应及时提出工伤认定申请
	4. 了解在工伤认定中用人单位与职工有争议时由哪一方承担举证责任
	5. 了解怎样进行劳动能力鉴定
	6. 了解因工受伤的农民工能享受的工伤保险待遇
	7. 了解因工致残被鉴定为一级至四级伤残的农民工能享受的伤残待遇

续表

学习模块5	工伤保险是农民工的安全网
培训学时	0.5
学习模块6	农民工有权参加基本养老保险
学习目标	明确参加养老保险可享有的权利，了解办理养老保险的法律规定，依法参加养老保险
主要内容	1. 了解参加基本养老保险的必要性
	2. 了解参加基本养老保险可以享受的养老保险待遇
	3. 了解到其他城市就业的农民工的养老保险关系的办理
	4. 了解企业欠缴养老保险费对职工退休后的养老待遇的影响
	5. 了解进城从事个体经营的农民能否参加基本养老保险
培训学时	0.5
学习模块7	农民工有权参加医疗、失业及生育保险
学习目标	明确农民工参加医疗、失业及生育保险可享有的权利，依法参加医疗、失业及生育保险
主要内容	1. 了解农民工怎样参加医疗保险
	2. 了解农民工能够享受的失业保险待遇
	3. 了解农民工依法享受的生育保险待遇
培训学时	0.5
学习模块8	农民工与用人单位发生劳动争议时怎么办
学习目标	明确解决劳动争议的途径，学会用法律武器保护自身权益
主要内容	1. 了解农民工与用人单位发生劳动争议时的解决程序，以及“一裁终局”制度
	2. 了解哪些劳动争议可以提请劳动争议仲裁
	3. 了解劳动争议处理中举证责任的分配
	4. 了解发生劳动争议时，向哪个劳动争议仲裁委员会申请仲裁
	5. 了解申请劳动争议仲裁的时效，以及在仲裁程序中，可以提起诉讼的情形
	6. 了解可以作出先行给付的部分裁决的情况，以及劳动争议仲裁的收费规定

续表

学习模块8	农民工与用人单位发生劳动争议时怎么办
培训学时	1
学习模块9	农民工怎样通过劳动保障监察来维权
学习目标	明确劳动保障监察部门的监察职能，可以通过向劳动保障监察部门投诉来维护自身权益
主要内容	1. 了解劳动保障监察部门能受理的投诉范围
	2. 了解怎样向劳动保障监察部门投诉
	3. 了解劳动保障监察部门的监察内容
培训学时	0.5
学习模块10	农民工如何提起行政复议或者行政诉讼
学习目标	学会正确提起行政复议或行政诉讼来保障自身权益
主要内容	1. 了解对劳动保障部门的哪些行为可以提起行政复议
	2. 了解如何申请行政复议
	3. 了解对行政复议决定不服可提起行政诉讼的法律规定
培训学时	0.5
总培训学时	6

说明：部分内容在基础模块和专题模块一的教学中已有介绍，故本模块所给的培训学时相应减少，培训机构可根据培训对象实际情况作调整。

三、培训建议

农村劳动力转移就业引导性培训是从农村劳动力转移就业过程中存在的实际问题出发，有针对性地加以引导，以使他们顺利实现就业和适应城市生活而设立的培训课程。在教学中应注意：

1. 要抓住农村转移劳动力进城就业中普遍性、共同性的问题，结合国家政策进行分析讲解，帮助受培训者形成正确的认识。同时，要注意结合各地实际和培训对象的思想状况，适当调整教学内容的侧重点。介绍有关行业或职业（工种）的特点、要求以及安全生产操作规程等，应结合培训对象将要从事工作的背景，进行针对性的指导。

2. 考虑到培训对象一般文化基础较差，教学应多结合现实问题或培训对象的自身经历，采取以例说理等方式，为学员答疑解惑，加深其对培训内容的理解。

3. 在教学形式上，提倡采用多媒体教学等先进的教学手段，开展形象生动的教学，提高受培训者的学习兴趣。

美容基本技能培训大纲

一、培 训 目 标

通过培训，培训对象可以在美容保健服务行业中从事简单的美容工作，达到独立上岗要求。

1. 理论知识培训目标

（1）了解人体皮肤的结构与功能，掌握皮肤健美标准及保养原则。

（2）了解面部皮肤护理用品的特点和功能，了解常用美容仪器的功能。

（3）掌握常用头面部美容保健穴位及其功用。

（4）掌握粉饰类化妆品的特点和功能，了解各种化妆用具的用途。

（5）了解修饰美容的基本知识。

2. 操作技能培训目标

（1）能正确选择和使用常用美容仪器，掌握面部皮肤清洁方法和面膜美容的操作方法。

（2）能对常用头面部腧穴准确取穴，掌握美容按摩基本方法。

（3）掌握基础化妆的基本步骤和方法，初步具备用不同手法表现不同风格的妆型设计的能力。

（4）掌握手部护理、指甲修理、脱毛、穿耳孔、烫睫毛等修饰美容方法。

二、培训中应注意的问题

1. 教学中应切实保证美容基本技能训练的时间和质量，使学员熟能生巧，掌握操作技能，达到工作岗位要求。

2. 加强直观教学，在操作技能教学中，除教师操作示范外，有条件的培训机构还可以采用多媒体教学等现代化教学手段，反复播放，帮助学员更好地理解知识，掌握技能。此外，还可以组织学员到大型美容企业现场观摩，开阔眼界。

3. 加强学员服务意识的培养，养成良好的卫生习惯，认真做好美容用具的卫生消毒工作，保持工作环境的洁净。

三、培训课时安排

总课时数：94 课时

理论知识课时：40 课时

操作技能课时：54 课时

具体培训课时分配见下表。

培训课时分配表

培训内容	理论知识课时	操作技能课时	总课时
模块一　面部皮肤护理	14	16	30
一、面部皮肤基本护理	10	12	
二、问题皮肤护理	4	4	

续表

培训内容	理论知识课时	操作技能课时	总课时
模块二　美容按摩	8	12	20
一、面部美容按摩	6	10	
二、头、颈、肩部按摩	2	2	
模块三　基础美容化妆	10	16	26
一、基础化妆	6	8	
二、不同脸形的妆型设计	2	4	
三、日妆与晚妆	2	4	
模块四　修饰美容	8	10	18
一、手部护理	2	2	
二、指甲修理	2	2	
三、脱毛	2	2	
四、穿耳孔	1	2	
五、烫睫毛	1	2	
总计	40	54	94

四、培训内容、要求及建议

培训内容		培训要求	培训建议
模块一　面部皮肤护理	一、面部皮肤基本护理	理论知识要求： 1. 人体皮肤的结构与功能 2. 皮肤健美标准及保养原则 3. 面部皮肤护理用品的特点和功能 4. 常用美容仪器的功能 5. 面部皮肤护理的基本程序 6. 面膜与面膜美容的概念、面膜的美容作用和分类	重点： 1. 洁肤、护肤化妆品的特点、功能及其使用方法 2. 面部皮肤护理的基本步骤与方法 3. 问题皮肤的护理方法

续表

培训内容		培训要求	培训建议
模块一　面部皮肤护理	二、问题皮肤护理	操作技能要求： 1．掌握面部皮肤清洁方法 2．掌握皮肤诊断方法 3．能正确选择和使用常用美容仪器 4．掌握面膜美容的操作方法 5．熟悉常用果蔬类面膜的制作 6．掌握问题皮肤的护理方法	难点： 1．根据顾客的皮肤特性，准确选用适宜的洁肤及护肤品 2．问题皮肤的护理方法 建议加强面部皮肤护理操作技能训练，先由教师示范规范性操作，学员可两人一组，互相练习、评议，以提高操作技能
模块二　美容按摩	一、面部美容按摩	理论知识要求： 1．经络腧穴与美容的关系 2．常用头面部美容保健穴位及其功用 3．面部美容按摩的介质 4．头、颈、肩部骨骼与肌肉基本知识	重点： 1．常用头面部腧穴的定位方法 2．面部美容按摩基本手法 3．面部美容按摩手法套路 4．头、颈、肩部按摩手法套路 难点： 1．常用头面部腧穴的定位 2．面部美容按摩手法套路

续表

培训内容		培训要求	培训建议
模块二　美容按摩	二、头、颈、肩部按摩	操作技能要求： 1. 能对常用头面部腧穴准确取穴 2. 掌握美容按摩基本手法 3. 掌握面部美容按摩操作 4. 掌握头、颈、肩部按摩操作	建议加强面部腧穴定位练习，提高取穴的准确性 加强美容按摩操作技能训练，注意各类按摩手法套路的连贯性
模块三　基础美容化妆	一、基础化妆 二、不同脸形的妆型设计 三、日妆与晚妆	理论知识要求： 1. 粉饰类化妆品的特点和功能 2. 各种化妆用具的用途 3. 日妆、晚妆的特点 操作技能要求： 1. 掌握各种化妆用具的使用及保洁方法 2. 掌握基础化妆的基本步骤和方法 3. 掌握化妆皮肤的保养护理手法 4. 掌握不同脸形的基本化妆技巧 5. 掌握日妆、晚妆的表现方法	重点： 美容化妆的基本步骤和方法 难点： 用不同手法表现不同风格的妆型设计
模块四　修饰美容	一、手部护理 二、指甲修理	理论知识要求： 1. 手部护理的主要用具 2. 常用修甲工具及其用途 3. 脱毛、穿耳孔、烫睫毛等修饰美容基本知识	重点： 手部护理、指甲修理、脱毛、穿耳孔、烫睫毛等修饰美容的操作方法

续表

培训内容		培训要求	培训建议
模块四 修饰美容	三、脱毛 四、穿耳孔 五、烫睫毛	操作技能要求： 掌握手部护理、指甲修理、脱毛、穿耳孔、烫睫毛等修饰美容的操作方法	难点： 脱毛、穿耳孔、烫睫毛的操作方法

五、培 训 设 备

美容基本技能培训基本实习设备条件可参考下表。

美容基本技能培训基本实习设备条件参考标准

序号	基本培训用具和设备名称	备注
1	美容床、美容被	
2	毛巾	
3	化妆箱	
4	化妆工具	粉扑、羊毛刷、眉刷、眉钳、眉剪、睫毛夹、睫毛梳、棉棒等
5	化妆托盘	
6	手推车	
7	梳妆台	
8	化妆镜	
9	手部护理工具	
10	穿耳孔工具	耳钉枪等
11	电睫毛工具	卷芯等

续表

序号	基本培训用具和设备名称	备注
12	皮肤测试仪	
13	离子喷雾机	
14	超声波美容仪	
15	消毒设备	

说明：表中列举的美容用具和设备是完成本培训要求所必备的基本培训实习设备。培训机构可根据自身培训规模，在保证培训内容和课时的前提下对这些培训设备的数量作合理安排。

美发基本技能培训大纲

一、培训目标

通过培训，培训对象可以在美发服务行业中从事简单的美发工作，达到独立上岗要求。

1. 理论知识培训目标

（1）掌握洗发液的分类和发质的类型知识。

（2）了解常用美发工具基本知识。

（3）了解染发色彩知识和染发注意事项。

（4）掌握吹发的标准。

（5）掌握脸形的类别及其发型特点。

2. 操作技能培训目标

（1）能根据发质类型选择合适的洗发液，掌握短发、长发的干洗手法。

（2）熟练使用专业剪发工具，掌握剪发技能。

（3）掌握烫发卷杠基本技巧，能完成常见卷杠排列方式操作，掌握烫发基本技能。

（4）掌握染发基本技能，保证染发颜色均衡。

（5）熟练掌握吹发技术，能吹制常见发型。

（6）掌握常见盘发造型手法，能根据顾客脸形进行盘发造型设计。

二、培训中应注意的问题

1．教学中应切实保证美发基本技能训练的时间和质量，使学员熟能生巧，掌握操作技能，达到工作岗位要求。

2．在操作技能教学中，除教师操作示范外，有条件的培训机构还可以采用多媒体教学等现代化教学手段，反复播放，帮助学员更好地理解知识，掌握技能。

3．有条件的培训机构可以组织学员到大型美发企业参观，了解美发行业新技术、新潮流，开阔眼界。

三、培训课时安排

总课时数：116 课时

理论知识课时：34 课时

操作技能课时：82 课时

具体培训课时分配见下表。

培训课时分配表

<table>
<tr><th>培训内容</th><th>理论知识课时</th><th>操作技能课时</th><th>总课时</th></tr>
<tr><td>模块一　干洗</td><td>4</td><td>6</td><td rowspan="4">10</td></tr>
<tr><td>一、认识常用洗发用具</td><td>1</td><td></td></tr>
<tr><td>二、短发、长发干洗</td><td>2</td><td rowspan="2">6</td></tr>
<tr><td>三、干洗的冲洗</td><td>1</td></tr>
<tr><td>模块二　剪发</td><td>4</td><td>16</td><td rowspan="4">20</td></tr>
<tr><td>一、认识专业剪发工具</td><td>2</td><td>10</td></tr>
<tr><td>二、五种基本层次发型</td><td>1</td><td></td></tr>
<tr><td>三、男式发型鬓角及底座的修剪</td><td>1</td><td>6</td></tr>
</table>

续表

培训内容	理论知识课时	操作技能课时	总课时
模块三　烫发	8	18	26
一、烫前检查	2	2	
二、卷杠的要求及卷法	2	6	
三、杠子的基本排列方式	4	10	
模块四　染发	4	6	10
一、认识染发常用器具	2	2	
二、染发基本方法	2	4	
模块五　吹发	8	16	24
一、吹发前的准备及吹发的基本要求	2		
二、吹发的标准及要领	4	12	
三、常见的吹发难点和解决办法	2	4	
模块六　盘发	6	20	26
一、盘发工具及基本盘发手法	2	6	
二、脸形分析及后部造型	2	10	
三、头部分区及设计要求	2	4	
总计	34	82	116

四、培训内容、要求及建议

培训内容		培训要求	培训建议
模块一　干洗	一、认识常用洗发用具	理论知识要求： 1. 洗发液的分类和常用洗发用具 2. 干洗的注意事项 3. 干洗的冲洗注意事项	重点： 1. 短发、长发干洗方法 2. 干洗的冲洗方法

续表

培训内容		培训要求	培训建议
模块一 干洗	二、短发、长发干洗 三、干洗的冲洗	操作技能要求： 1. 能正确选择洗发液 2. 掌握短发、长发干洗方法 3. 掌握干洗的冲洗方法	难点： 短发、长发干洗方法
模块二 剪发	一、认识专业剪发工具 二、五种基本层次发型 三、男式发型鬓角及底座的修剪	理论知识要求： 1. 专业剪发工具的作用 2. 五种基本层次发型 操作技能要求： 1. 正确使用和保养专业剪发工具 2. 掌握男式发型鬓角及底座的修剪技巧	重点： 1. 正确使用和保养专业剪发工具 2. 男式发型鬓角及底座的修剪方法 难点： 1. 剪刀、梳子、电推剪的配合使用 2. 男式发型鬓角及底座的修剪方法
模块三 烫发	一、烫前检查	理论知识要求： 1. 烫前检查的注意事项 2. 卷杠的使用要求 3. 烫发时间控制的注意事项	重点： 1. 烫前检查的测试方法 2. 卷杠的方法

续表

<table>
<tr><th colspan="2">培训内容</th><th>培训要求</th><th>培训建议</th></tr>
<tr><td rowspan="2">模块三　烫发</td><td>二、卷杠的要求及卷法</td><td rowspan="2">操作技能要求：
1. 烫前能正确地对头发性能进行测试
2. 掌握卷杠的方法
3. 掌握基本杠子排列方式的卷杠操作</td><td rowspan="2">难点：
砌砖形排列的卷杠操作</td></tr>
<tr><td>三、杠子的基本排列方式</td></tr>
<tr><td rowspan="2">模块四　染发</td><td>一、认识染发常用器具</td><td rowspan="2">理论知识要求：
1. 常用染发器具
2. 染发色彩知识
3. 染发的注意事项
操作技能要求：
1. 正确使用染发常用器具
2. 掌握染发基本方法</td><td rowspan="2">重点：
1. 掌握色板和调色方法
2. 均衡发色
难点：
1. 均衡发色
2. 花白头发的染发处理</td></tr>
<tr><td>二、染发基本方法</td></tr>
<tr><td rowspan="3">模块五　吹发</td><td>一、吹发前的准备及吹发的基本要求</td><td rowspan="3">理论知识要求：
1. 吹发前的准备事项和吹发基本要求
2. 吹发的标准
操作技能要求：
1. 熟练掌握吹发技术，能吹制常见发型
2. 掌握常见吹发难点的吹制技巧</td><td rowspan="3">重点：
1. 吹风的技术要领
2. 分头缝发型的吹制
3. 不分头缝发型的吹制
难点：
波浪式发型的吹制</td></tr>
<tr><td>二、吹发的标准及要领</td></tr>
<tr><td>三、常见的吹发难点和解决办法</td></tr>
</table>

续表

<table>
<tr><th colspan="2">培训内容</th><th>培训要求</th><th>培训建议</th></tr>
<tr><td rowspan="3">模块六　盘发</td><td>一、盘发工具及基本盘发手法</td><td rowspan="3">理论知识要求：
1. 盘发工具
2. 盘发的设计要求
3. 脸形的类别及其发型特点
4. 头部分区知识
操作技能要求：
1. 正确使用盘发工具
2. 掌握盘发基本手法
3. 掌握常见造型手法</td><td rowspan="3">重点：
1. 盘发基本手法
2. 常见造型手法
难点：
交叉包造型</td></tr>
<tr><td>二、脸形分析及后部造型</td></tr>
<tr><td>三、头部分区及设计要求</td></tr>
</table>

五、培训设备

美发基本技能培训基本实习设备条件可参考下表。

美发基本技能培训基本实习设备条件参考标准

序号	基本培训用具和设备名称	备注
1	升降椅	
2	大型组合镜台	
3	洗发用具	毛巾、专业围布、喷壶等
4	洗发床	
5	吹风机	
6	剪发工具	各种规格专用剪刀、牙剪、电推剪、削刀、各类梳子
7	焗油机	
8	烘干机	

续表

序号	基本培训用具和设备名称	备注
9	各种类型、规格卷杠、发夹	
10	刷子、小碗、耳包、围裙、肩套	
11	色板	

说明：表中列举的美发用具和设备是完成本培训要求所必备的基本培训实习设备。培训机构可根据自身培训规模，在保证培训内容和课时的前提下对这些培训设备的数量作合理安排。

美发助理培训大纲

一、培 训 目 标

通过培训，培训对象可以在美发服务行业中从事美发助理工作，达到独立上岗要求。

1. 理论知识培训目标

（1）了解毛发的结构和特点，掌握头发的种类和毛发的生长规律。

（2）掌握发质的分类和洗发液的种类，熟练掌握水洗、干洗的基本流程。

（3）了解焗油、漂色、染色的基本知识。

（4）了解烫发基本原理。

（5）了解毛发护理的基本知识。

2. 操作技能培训目标

（1）能根据发质类别选择合适的洗发液；熟练掌握水洗和干洗基本操作技能；掌握头、肩、颈、背部按摩基本操作技能。

（2）掌握焗油、漂色、染色的操作技巧，掌握烫发的基本操作技能。

（3）掌握护发的操作技能。

二、培训中应注意的问题

1．教学中应突出洗发、焗油与漂染、烫发、护发基本技能的规范性操作训练，切实保证美发助理基本技能训练的时间和质量，使学员熟能生巧，掌握操作技能，达到工作岗位要求。

2．在操作技能教学中，除教师操作示范外，有条件的培训机构还可以采用多媒体教学等现代化教学手段，反复播放，帮助学员更好地理解知识，掌握技能。

3．加强学员服务意识的培养，将其贯穿于整个培训始终，帮助学员养成良好的职业习惯。

三、培训课时安排

总课时数：80 课时

理论知识课时：22 课时

操作技能课时：58 课时

具体培训课时分配见下表。

培训课时分配表

<table>
<tr><th>培训内容</th><th>理论知识课时</th><th>操作技能课时</th><th>总课时</th></tr>
<tr><td>模块一　毛发</td><td>3</td><td></td><td rowspan="5">3</td></tr>
<tr><td>一、毛发的性质</td><td>1</td><td></td></tr>
<tr><td>二、毛发的生长速度及生长规律</td><td rowspan="2">1</td><td></td></tr>
<tr><td>三、毛发的作用与流向</td><td></td></tr>
<tr><td>四、毛发的诊断与护理</td><td>1</td><td></td></tr>
<tr><td>模块二　洗发与按摩</td><td>6</td><td>18</td><td rowspan="5">24</td></tr>
<tr><td>一、发质的基本区分与洗发液的选择</td><td>1</td><td></td></tr>
<tr><td>二、水洗</td><td>1</td><td>4</td></tr>
<tr><td>三、干洗</td><td>1</td><td>4</td></tr>
<tr><td>四、头、肩、颈、背部按摩</td><td>3</td><td>10</td></tr>
</table>

续表

<table>
<tr><th>培训内容</th><th>理论知识课时</th><th>操作技能课时</th><th>总课时</th></tr>
<tr><td>模块三　焗油与漂染</td><td>4</td><td>14</td><td rowspan="4">18</td></tr>
<tr><td>一、焗油</td><td>1</td><td>4</td></tr>
<tr><td>二、漂色</td><td>1</td><td>4</td></tr>
<tr><td>三、染色</td><td>2</td><td>6</td></tr>
<tr><td>模块四　烫发</td><td>5</td><td>18</td><td rowspan="5">23</td></tr>
<tr><td>一、烫发原理</td><td rowspan="2">1</td><td></td></tr>
<tr><td>二、电发药水的组成及烫发用品种类</td><td></td></tr>
<tr><td>三、操作方法</td><td>2</td><td>6</td></tr>
<tr><td>四、新潮电发</td><td>2</td><td>12</td></tr>
<tr><td>模块五　护发</td><td>3</td><td>6</td><td rowspan="4">9</td></tr>
<tr><td>一、毛发护理基础知识</td><td rowspan="2">1</td><td></td></tr>
<tr><td>二、护发产品</td><td></td></tr>
<tr><td>三、操作流程</td><td>2</td><td>6</td></tr>
<tr><td>模块六　语言沟通</td><td>1</td><td>2</td><td>3</td></tr>
<tr><td>总计</td><td>22</td><td>58</td><td>80</td></tr>
</table>

四、培训内容、要求及建议

<table>
<tr><th colspan="2">培训内容</th><th>培训要求</th><th>培训建议</th></tr>
<tr><td rowspan="4">模块一　毛发</td><td>一、毛发的性质</td><td rowspan="4">理论知识要求：
1. 毛发的结构和特点
2. 毛发的生长规律和生长速度
3. 毛发的作用与流向
4. 毛发的常见问题及治疗方法
5. 毛发基本护理原则</td><td rowspan="4">重点：
1. 头发的种类和毛发的生长规律
2. 毛发常见问题的诊断与治疗
难点：
毛发常见问题的治疗方法</td></tr>
<tr><td>二、毛发的生长速度及生长规律</td></tr>
<tr><td>三、毛发的作用与流向</td></tr>
<tr><td>四、毛发的诊断与护理</td></tr>
</table>

续表

<table>
<tr><th colspan="2">培训内容</th><th>培训要求</th><th>培训建议</th></tr>
<tr><td rowspan="4">模块二 洗发与按摩</td><td>一、发质的基本区分与洗发液的选择</td><td rowspan="4">理论知识要求：
1. 发质的分类及洗发液的种类
2. 水洗的基本流程和注意事项
3. 干洗的手法和基本流程
4. 常用按摩穴位及按摩注意事项
操作技能要求：
1. 能根据发质类别选择合适的洗发液
2. 熟练掌握水洗和干洗基本操作
3. 掌握头、肩、颈、背部按摩基本操作</td><td rowspan="4">重点：
1. 水洗的基本方法
2. 干洗的基本方法
难点：
按摩的基本手法及作用</td></tr>
<tr><td>二、水洗</td></tr>
<tr><td>三、干洗</td></tr>
<tr><td>四、头、肩、颈、背部按摩</td></tr>
<tr><td rowspan="3">模块三 焗油与漂染</td><td>一、焗油</td><td rowspan="3">理论知识要求：
1. 营养性焗油及颜色焗油的用途
2. 漂色的原理及种类
3. 染发的原理及染发产品的种类
4. 漂色与染色的区分
5. 颜色理论及色调、色度的基本概念
操作技能要求：
1. 掌握焗油的基本操作
2. 掌握漂色的基本操作
3. 掌握染发的涂抹操作
4. 掌握覆盖白发的操作</td><td rowspan="3">重点：
1. 焗油的操作方法
2. 漂色的操作方法
3. 染发程序及涂抹方法
难点：
1. 漂色与染色的区分
2. 覆盖白发的操作</td></tr>
<tr><td>二、漂色</td></tr>
<tr><td>三、染色</td></tr>
</table>

续表

<table>
<tr><th colspan="2">培训内容</th><th>培训要求</th><th>培训建议</th></tr>
<tr><td rowspan="4">模块四　烫发</td><td>一、烫发原理</td><td rowspan="4">理论知识要求：
1. 烫发的原理
2. 电发药水的组成及烫发用品种类
3. 影响烫发效果的因素
操作技能要求：
1. 能正确选择烫发用品
2. 掌握烫发的操作技巧
3. 掌握电发芯的排位变化
4. 掌握不同电发芯的卷发技巧
5. 了解特殊烫发、离子电发及熨发的操作方法</td><td rowspan="4">重点：
烫发的操作技巧
难点：
1. 电发芯的排位变化
2. 不同电发芯的卷发技巧</td></tr>
<tr><td>二、电发药水的组成及烫发用品种类</td></tr>
<tr><td>三、操作方法</td></tr>
<tr><td>四、新潮电发</td></tr>
<tr><td rowspan="3">模块五　护发</td><td>一、毛发护理基础知识</td><td rowspan="3">理论知识要求：
1. 毛发护理的基础知识
2. 常用护发产品知识
3. 角蛋白修复与保养的注意事项
操作技能要求：
1. 掌握发膜的操作
2. 掌握倒膜的操作
3. 掌握毛鳞片修复的操作</td><td rowspan="3">重点：
1. 发膜的操作方法
2. 倒膜的操作方法
难点：
毛鳞片修复的操作方法</td></tr>
<tr><td>二、护发产品</td></tr>
<tr><td>三、操作流程</td></tr>
<tr><td>模块六　语言沟通</td><td></td><td>理论知识要求：
1. 服务语言标准
2. 谈话的原则
操作技能要求：
1. 能使用规范的服务用语，做到礼貌服务
2. 能正确选择谈话主题</td><td>重点：
使用规范的服务语言
难点：
谈话主题的选择
建议组织学员模拟服务过程，通过角色扮演、学员互评和教师点评的方法引导学员掌握服务语言的使用技巧</td></tr>
</table>

五、培 训 设 备

美发助理培训基本实习设备条件可参考下表。

美发助理培训基本实习设备条件参考标准

序号	基本培训用具和设备名称	备注
1	焗油机	
2	烘干机	
3	色灯	
4	工作台	
5	静台	
6	洗头床	
7	各类梳子	如尖尾梳、平梳
8	各种类型、规格卷发杠、发夹及削发器	
9	熨板	
10	色板	
11	滴水瓶	
12	毛巾、耳包、围裙、肩套、专业围布	
13	刷子、小碗	

说明：表中列举的美发助理用具和设备是完成本培训要求所必备的基本培训实习设备。培训机构可根据自身培训规模，在保证培训内容和课时的前提下对这些培训设备的数量作合理安排。

美甲基本技能培训大纲

一、培 训 目 标

通过培训，培训对象可以在美甲服务行业中从事简单的美甲工作，达到独立上岗要求。

1. 理论知识培训目标

（1）了解指甲的结构和外形基本知识，了解指甲的常见疾病及其产生原因。

（2）熟悉指甲油的种类和各种美甲用品的特点、用途，了解常用修甲、美甲工具、仪器基本知识。

（3）掌握美甲工作的卫生消毒要求。

2. 操作技能培训目标

（1）掌握指甲油的涂抹与清除方法。

（2）了解指甲失调疾病的处理方法。

（3）掌握手部按摩及指甲护理方法。

（4）掌握美甲常用工具和仪器操作方法。

（5）掌握常见类型美甲的制作方法。

二、培训中应注意的问题

1. 教学中应切实保证美甲基本技能训练的时间和质量，使学员熟能生巧，掌握操作技能，达到工作岗位要求。

2. 加强直观教学，在操作技能教学中，除教师操作示范外，有条件的培训机构还可以采用多媒体教学等现代化教学手段，反复播放，帮助学员更好地理解知识，掌握技能。此外，还可以组织学员到大型美甲企业现场观摩，开阔眼界。

3. 加强学员服务意识的培养，养成良好的卫生习惯，认真做好美甲用具的卫生消毒工作，保持工作环境的洁净。

三、培训课时安排

总课时数：104 课时

理论知识课时：34 课时

操作技能课时：70 课时

具体培训课时分配见下表。

培训课时分配表

<table>
<tr><th>培训内容</th><th>理论知识课时</th><th>操作技能课时</th><th>总课时</th></tr>
<tr><td>模块一　美甲基本知识</td><td>6</td><td>6</td><td rowspan="5">12</td></tr>
<tr><td>一、美甲工作室的卫生消毒</td><td>1</td><td></td></tr>
<tr><td>二、认识指甲的结构与外形</td><td>2</td><td></td></tr>
<tr><td>三、指甲油的涂抹</td><td>1</td><td>2</td></tr>
<tr><td>四、指甲常见疾病的处理</td><td>2</td><td>4</td></tr>
<tr><td>模块二　指甲的日常护理</td><td>3</td><td>12</td><td rowspan="4">15</td></tr>
<tr><td>一、修甲</td><td>1</td><td>4</td></tr>
<tr><td>二、指甲抛光、上蜡</td><td>1</td><td>4</td></tr>
<tr><td>三、手部及指甲的护理</td><td>1</td><td>4</td></tr>
</table>

续表

培训内容	理论知识课时	操作技能课时	总课时
模块三　美甲	25	52	77
一、美甲用品	2	4	
二、美甲制作	23	48	
总计	34	70	104

四、培训内容、要求及建议

培训内容		培训要求	培训建议
模块一　美甲基本知识	一、美甲工作室的卫生消毒	理论知识要求： 1. 美甲用具的消毒要求和消毒方法 2. 指甲的结构和外形基本知识 3. 指甲油的种类 4. 指甲的常见疾病及其产生原因 操作技能要求： 1. 能正确选择指甲油 2. 能正确涂抹与清除指甲油 3. 能正确处理指甲的常见疾病 4. 能正确进行美甲用具的消毒	重点： 1. 指甲的结构和外形 2. 指甲油的涂抹与清除方法 难点： 指甲常见疾病的处理方法
	二、认识指甲的结构与外形		
	三、指甲油的涂抹		
	四、指甲常见疾病的处理		

续表

培训内容		培训要求	培训建议
模块二 指甲的日常护理	一、修甲	理论知识要求： 1. 修甲工具知识 2. 抛光、上蜡用具知识 3. 手部和指甲护理用具知识 操作技能要求： 1. 掌握常见指甲外形的修整方法 2. 能正确进行指甲的抛光、上蜡 3. 能正确进行手部按摩及指甲护理	重点： 1. 抛光、上蜡程序 2. 手部按摩和指甲护理程序 难点： 手部按摩和指甲护理操作
	二、指甲抛光、上蜡		
	三、手部及指甲的护理		
模块三 美甲	一、美甲用品	理论知识要求： 各种美甲用品的特点和用途 操作技能要求： 1. 正确使用各种美甲用品 2. 掌握常见类型美甲的制作方法	重点： 1. 各种美甲用品的特点和用途 2. 各种常见类型指甲的制作程序和制作要求 难点： 彩绘指甲、外雕指甲、水晶指甲和丝绸甲的制作
	二、美甲制作		

五、培 训 设 备

美甲基本技能培训基本实习设备条件可参考下表。

美甲基本技能培训基本实习设备条件参考标准

序号	基本培训用具和设备名称	备注
1	指甲剪	U 形剪刀或一字剪
2	专业电动磨甲机	
3	指推	
4	指托	
5	砂条	各种型号砂条
6	死皮钳、死皮推	
7	泡绵	
8	抛光绵	
9	指甲刷	
10	貂毛笔	
11	水晶钳	
12	指甲喷绘机	
13	打孔钻	
14	橘木棒	
15	工作椅、工作台	

说明：表中列举的美甲用具和设备是完成本培训要求所必备的基本培训实习设备。培训机构可根据自身培训规模，在保证培训内容和课时的前提下对这些培训设备的数量作合理安排。

保健按摩基本技能培训大纲

一、培 训 目 标

通过培训，培训对象可以在美容保健服务行业中从事简单的保健按摩工作，并协助保健按摩师用保健按摩技术治疗一些简单常见病。

1. 理论知识培训目标

（1）了解人体骨骼和肌肉等基本知识，了解经络系统的基本知识，掌握保健按摩常用穴位的位置及其治疗作用。

（2）熟悉常用按摩递质的特点，掌握按摩的禁忌证。

（3）掌握全身各部位保健按摩的流程和各自作用。

（4）了解精油保健按摩和刮痧疗法的作用及基本流程。

2. 操作技能培训目标

（1）能够对按摩常用穴位进行正确定位。

（2）熟练掌握各种保健按摩手法。

（3）掌握全身各部位保健按摩基本方法。

（4）能针对不同病因，对常见简单病症进行按摩调理。

二、培训中应注意的问题

1. 教学中应注意保健按摩基本手法的训练，使学员掌握保健按摩基本手法的要领。在此基础上，灵活运用各种保健按摩手法进行人体各部位的保健按摩。要切实保证技能训练的时间和质量，使学员熟能生巧，掌握操作技能，达到工作岗位要求。

2. 在操作技能教学中，除教师操作示范外，有条件的培训机构还可以采用多媒体教学等现代化教学手段，反复播放，帮助学员更好地理解知识，掌握技能。

3. 在保健按摩培训过程中，要始终注重培养学员良好的卫生习惯，认真搞好个人卫生，保持工作环境的洁净。

三、培训课时安排

总课时数：90 课时

理论知识课时：21 课时

操作技能课时：69 课时

具体培训课时分配见下表。

培训课时分配表

<table>
<tr><th>培训内容</th><th>理论知识课时</th><th>操作技能课时</th><th>总课时</th></tr>
<tr><td>模块一　保健按摩基本常识</td><td>10</td><td>6</td><td rowspan="4">16</td></tr>
<tr><td>一、人体解剖生理常识</td><td>4</td><td></td></tr>
<tr><td>二、经络腧穴学常识</td><td>4</td><td>6</td></tr>
<tr><td>三、常用按摩递质及按摩禁忌证</td><td>2</td><td></td></tr>
<tr><td>模块二　保健按摩基本手法</td><td></td><td>15</td><td rowspan="5">15</td></tr>
<tr><td>一、按法</td><td></td><td>2</td></tr>
<tr><td>二、推法</td><td></td><td>2</td></tr>
<tr><td>三、点法</td><td></td><td>1</td></tr>
<tr><td>四、揉法</td><td></td><td>1</td></tr>
</table>

续表

培训内容	理论知识课时	操作技能课时	总课时
五、拿法		1	
六、拨法		1	
七、搓法		1	
八、摩法		1	
九、擦法		1	
十、颤法		1	
十一、切法		1	
十二、擦法		1	
十三、拍法		1	
模块三　全身保健按摩	6	34	40
一、头、面部保健按摩	1	6	
二、胸、腹部保健按摩	1	6	
三、下肢部前侧保健按摩	1	6	
四、背腰部保健按摩	1	6	
五、下肢部后侧保健按摩	1	6	
六、上肢部保健按摩	1	4	
模块四　常见病症的保健按摩	3	14	17
一、内科病症的保健按摩	1	6	
二、妇科病症的保健按摩	1	2	
三、骨科病症的保健按摩	1	6	
模块五　保健按摩辅助疗法	2		2
一、精油保健按摩	1		
二、刮痧疗法	1		
总计	21	69	90

四、培训内容、要求及建议

<table>
<tr><th colspan="2">培训内容</th><th>培训要求</th><th>培训建议</th></tr>
<tr><td rowspan="3">模块一　保健按摩基本常识</td><td>一、人体解剖生理常识</td><td rowspan="3">理论知识要求：
1．人体骨骼、肌肉结构
2．人体循环系统、神经系统基础知识
3．常用穴位的位置及其治疗作用
4．经络系统的组成及功能
5．常用按摩递质的特点
6．按摩的禁忌证
操作技能要求：
能够对按摩常用穴位进行正确定位</td><td rowspan="3">重点：
1．人体运动骨骼和骨骼肌的知识
2．常用穴位的位置及其治疗作用
3．按摩的禁忌证
难点：
1．主要骨骼和骨骼肌的识别
2．常用穴位的定位
3．经络系统及其功能
建议加强按摩常用穴位定位教学，先由教师示范正确的取穴方法，然后学员可分组练习，互相讨论，掌握正确的穴位定位方法</td></tr>
<tr><td>二、经络腧穴学常识</td></tr>
<tr><td>三、常用按摩递质及按摩禁忌证</td></tr>
<tr><td rowspan="13">模块二　保健按摩基本手法</td><td>一、按法</td><td rowspan="13">操作技能要求：
熟练掌握各种按摩手法</td><td rowspan="13">重点：
十三种按摩手法的操作
难点：
㨰法的操作
建议加强按摩手法的操作训练，通过比较不同按摩手法的操作，加深学员对按摩手法操作要领和作用的理解</td></tr>
<tr><td>二、推法</td></tr>
<tr><td>三、点法</td></tr>
<tr><td>四、揉法</td></tr>
<tr><td>五、拿法</td></tr>
<tr><td>六、拨法</td></tr>
<tr><td>七、搓法</td></tr>
<tr><td>八、摩法</td></tr>
<tr><td>九、㨰法</td></tr>
<tr><td>十、颤法</td></tr>
<tr><td>十一、切法</td></tr>
<tr><td>十二、擦法</td></tr>
<tr><td>十三、拍法</td></tr>
</table>

续表

<table>
<tr><th colspan="2">培训内容</th><th>培训要求</th><th>培训建议</th></tr>
<tr><td rowspan="6">模块三　全身保健按摩</td><td>一、头、面部保健按摩</td><td rowspan="6">理论知识要求：
头、面部，胸、腹部，下肢部前侧，背腰部，下肢部后侧，上肢部的保健按摩流程和作用
操作技能要求：
掌握全身各部位保健按摩正确操作</td><td rowspan="6">重点：
全身各部位保健按摩操作
难点：
各部位按摩手法之间的衔接
建议重点讲解全身各部位的保健按摩内容，注意区别按摩身体不同部位时按摩手法和力度等的不同，帮助学员更好地把握按摩操作要领</td></tr>
<tr><td>二、胸、腹部保健按摩</td></tr>
<tr><td>三、下肢部前侧保健按摩</td></tr>
<tr><td>四、背腰部保健按摩</td></tr>
<tr><td>五、下肢部后侧保健按摩</td></tr>
<tr><td>六、上肢部保健按摩</td></tr>
<tr><td rowspan="3">模块四　常见病症的保健按摩</td><td>一、内科病症的保健按摩</td><td rowspan="3">理论知识要求：
常见病症的病因
操作技能要求：
能针对不同病因，对常见病症进行按摩调理</td><td rowspan="3">重点：
常见病症的按摩调理
难点：
按摩力度及穴位准确性</td></tr>
<tr><td>二、妇科病症的保健按摩</td></tr>
<tr><td>三、骨科病症的保健按摩</td></tr>
</table>

续表

培训内容		培训要求	培训建议
模块五　保健按摩辅助疗法	一、精油保健按摩	理论知识要求： 1. 精油按摩的作用和操作流程 2. 刮痧的作用、用具及其注意事项	重点： 精油按摩、刮痧疗法的操作流程 难点： 刮痧疗法的操作技巧
	二、刮痧疗法		

五、培训设备

进行保健按摩技能培训，要求建立能满足保健按摩基本技能培训需要的实训室。实训室应配备按摩床、坐椅、按摩枕、按摩单等基本设备和用品。培训机构可根据自身培训规模，在保证培训内容和课时的前提下对这些培训设备和用品的数量作合理安排。培训机构要重视实训室的管理，尤其是要做好卫生消毒工作。

保健拔罐基本技能培训大纲

一、培 训 目 标

通过培训，培训对象可以在美容保健服务行业中从事简单的保健拔罐工作，并协助治疗一些简单常见病。

1．理论知识培训目标

（1）掌握保健拔罐的作用，掌握保健拔罐的禁忌证及注意事项。

（2）了解保健拔罐职业道德及服务流程。

（3）掌握常用腧穴的位置及其主治病症。

（4）了解体罐与足罐、拔罐与刮痧、拔罐与按摩等综合治疗基本知识。

2．操作技能培训目标

（1）掌握常用腧穴的定位方法。

（2）掌握保健拔罐操作方法。

（3）掌握体罐与足罐的配合施术方法，掌握拔罐与刮痧、拔罐与按摩的施术方法。

（4）熟悉采用拔罐对简单常见病的治疗方法。

二、培训中应注意的问题

1．要切实保证保健拔罐基本技能训练的时间和质量，使学员熟能生巧，掌握操作技能，达到工作岗位要求。

2. 加强直观教学，除教师操作示范外，有条件的培训机构还可以采用多媒体教学等现代化教学手段，反复播放，帮助学员更好地理解知识，掌握技能。

3. 在保健拔罐培训过程中，要始终注重培养学员良好的卫生习惯，严格做好拔罐用具的消毒工作，认真搞好个人卫生，保持工作环境的洁净。

三、培训课时安排

总课时数：82 课时

理论知识课时：30 课时

操作技能课时：52 课时

具体培训课时分配见下表。

培训课时分配表

<table>
<tr><th>培训内容</th><th>理论知识课时</th><th>操作技能课时</th><th>总课时</th></tr>
<tr><td>**模块一　保健拔罐基础知识**</td><td>2</td><td></td><td rowspan="3">2</td></tr>
<tr><td>一、概述</td><td>1</td><td></td></tr>
<tr><td>二、保健拔罐职业道德及服务流程</td><td>1</td><td></td></tr>
<tr><td>**模块二　保健拔罐常用腧穴**</td><td>10</td><td>10</td><td rowspan="3">20</td></tr>
<tr><td>一、腧穴的定位方法</td><td>2</td><td>2</td></tr>
<tr><td>二、身体各部位常用腧穴</td><td>8</td><td>8</td></tr>
<tr><td>**模块三　保健拔罐基本技能**</td><td>7</td><td>16</td><td rowspan="4">23</td></tr>
<tr><td>一、保健拔罐的操作方法</td><td>4</td><td>8</td></tr>
<tr><td>二、足罐</td><td>2</td><td>4</td></tr>
<tr><td>三、拔罐与综合疗法</td><td>1</td><td>4</td></tr>
</table>

续表

培训内容	理论知识课时	操作技能课时	总课时
模块四　常见病的治疗方法	11	26	37
一、养生保健	2	6	
二、内科常见病	4	10	
三、妇科常见病	2	4	
四、骨科常见病	2	4	
五、五官科常见病	1	2	
总计	30	52	82

四、培训内容、要求及建议

培训内容		培训要求	培训建议
模块一　保健拔罐基础知识	一、概述 二、保健拔罐职业道德及服务流程	理论知识要求： 1. 保健拔罐的作用 2. 保健拔罐的禁忌证 3. 保健拔罐的注意事项 4. 保健拔罐员的职业道德 5. 保健拔罐服务流程	重点： 1. 保健拔罐的作用 2. 保健拔罐的注意事项 难点： 保健拔罐的禁忌证
模块二　保健拔罐常用腧穴	一、腧穴的定位方法	理论知识要求： 1. 腧穴定位的四种基本方法 2. 身体各部位常用腧穴的位置及其主治 3. 身体各部位常用腧穴进行保健拔罐的应用要点	重点： 常用腧穴的位置、主治以及进行保健拔罐的应用要点

续表

<table>
<tr><th colspan="2">培训内容</th><th>培训要求</th><th>培训建议</th></tr>
<tr><td>模块二　保健拔罐常用腧穴</td><td>二、身体各部位常用腧穴</td><td>操作技能要求：
1. 能运用骨度分寸法、手指比量法进行腧穴定位
2. 能正确对身体各部位常用腧穴取穴</td><td>难点：
腧穴定位方法</td></tr>
<tr><td rowspan="3">模块三　保健拔罐基本技能</td><td>一、保健拔罐的操作方法</td><td rowspan="3">理论知识要求：
1. 罐的种类和保健拔罐的递质
2. 保健拔罐的常用方法和拔罐的形式
3. 保健拔罐的适用范围
4. 足罐的原理、种类和特点
操作技能要求：
1. 熟练掌握各种常用火罐法的操作，能合理控制留罐时间，正确起罐
2. 掌握体罐与足罐的配合施术方法
3. 掌握拔罐与刮痧的施术方法
4. 掌握拔罐与按摩的施术方法</td><td rowspan="3">重点：
保健拔罐的常用方法及其具体操作
难点：
1. 体罐与足罐的配合
2. 拔罐与按摩的配合</td></tr>
<tr><td>二、足罐</td></tr>
<tr><td>三、拔罐与综合疗法</td></tr>
</table>

续表

<table>
<tr><th colspan="2">培训内容</th><th>培训要求</th><th>培训建议</th></tr>
<tr><td rowspan="5">模块四　常见病的治疗方法</td><td>一、养生保健</td><td rowspan="5">理论知识要求：
1. 足三里穴、尺泽穴、涌泉穴、三阴交穴保健拔罐的原理
2. 各种常见内科、妇科、骨科、五官科病症的治疗穴位
操作技能要求：
1. 掌握足三里穴、尺泽穴、涌泉穴、三阴交穴保健拔罐的操作手法
2. 熟悉对内科、妇科、骨科、五官科常见病的拔罐治疗操作手法</td><td rowspan="5">重点：
各种常见病症的拔罐治疗方法
难点：
各种常见病症的治疗穴位及其定位
建议针对日常生活中的常见病症进行保健拔罐治疗训练；而对于较复杂的病症，主要了解用于治疗的穴位。有条件的培训机构可以组织学员到专门的保健拔罐医疗门诊进行实习，以提高学员的技能水平</td></tr>
<tr><td>二、内科常见病</td></tr>
<tr><td>三、妇科常见病</td></tr>
<tr><td>四、骨科常见病</td></tr>
<tr><td>五、五官科常见病</td></tr>
</table>

五、培 训 设 备

保健拔罐基本技能培训基本实习设备条件可参考下表。

保健拔罐基本技能培训基本实习设备条件参考标准

序号	基本培训用具和设备名称	备注
1	玻璃罐	1～5 号罐
2	其他类型罐	如竹罐、陶罐、抽气罐等

续表

序号	基本培训用具和设备名称	备注
3	抽气筒	
4	酒精灯	
5	镊子	
6	棉球	
7	毛巾、拖鞋	
8	坐椅、脚凳、按摩床（保健床）等	

说明：表中列举的保健拔罐用具和设备是完成本培训要求所必备的基本培训实习设备。培训机构可根据自身培训规模，在保证培训内容和课时的前提下对这些培训设备的数量作合理安排。

手足修复培训大纲

一、培 训 目 标

通过培训，培训对象可以在美容保健服务行业中从事简单的手足修复工作，并协助治疗一些简单常见病。

1．理论知识培训目标

（1）了解手足修复技术的内容与封包削技术基本概念。

（2）了解手足皮肤的结构，了解指（趾）甲的结构，了解手足的外观形态及结构特征。

（3）了解手足修复常用刀具、辅助工具及其他物品的用途。

（4）了解常见手足疾病的形成原因和主要表现。

（5）了解足部健康法的内容。

2．操作技能培训目标

（1）掌握封包削的操作技术。

（2）掌握手术刀与抢刀的使用和保养方法，掌握辅助工具的使用方法。

（3）掌握工作室、手足修复工具和辅料的消毒方法。

（4）能采用正确的修复姿势和握手握脚方法，掌握手足修复各种刀术操作。

（5）掌握换药和手足包扎技术。

（6）掌握望诊、问诊、按诊、触诊四种判断技术，能初步判断手足病变类型及其程度。

（7）掌握对手足常见简单病症进行修复的技能。

（8）掌握足部康复疗法的基本手法。

二、培训中应注意的问题

1. 要切实保证手足修复基本技能训练的时间和质量，使学员熟能生巧，掌握操作技能，达到工作岗位要求。

2. 加强直观教学，除教师操作示范外，有条件的培训机构还可以采用多媒体教学等现代化教学手段，反复播放，帮助学员更好地理解知识，掌握技能。

3. 在手足修复培训过程中，要始终注重培养学员良好的卫生习惯，严格做好工具、辅料的消毒工作，认真搞好个人卫生，保持工作环境的洁净。

三、培训课时安排

总课时数：130 课时

理论知识课时：60 课时

操作技能课时：70 课时

具体培训课时分配见下表。

培训课时分配表

培训内容	理论知识课时	操作技能课时	总课时
模块一　基础知识	9		9
一、手足修复技术与封包削技术简介	1		

续表

培训内容	理论知识课时	操作技能课时	总课时
二、手足修复人员应具备的素质	1		
三、手足皮肤的结构与功能	2		
四、指（趾）甲的结构与功能	1		
五、手足的正常形态	3		
六、手足多汗与角化过度	1		
模块二　工具与物品的准备	3	4	7
一、刀具	1	2	
二、辅助工具	1	2	
三、物品的准备	1		
模块三　消毒	4	3	7
一、工作室应具备的条件	1		
二、工作人员的卫生要求	1		
三、工具及敷料的消毒	1	1	
四、抢刀的保养与磨刀	1	2	
模块四　基本操作	8	18	26
一、修复时的姿势	1		
二、握手握脚的方法	1	2	
三、指力与腕力	1	2	
四、刀术	2	8	
五、换药与包扎	2	4	
六、意外情况的处理	1	2	
模块五　判断技术	5	4	9
一、望诊	1	1	
二、问诊	1		

续表

培训内容	理论知识课时	操作技能课时	总课时
三、按诊	1	2	
四、触诊	1	1	
五、炎症	1		
模块六　手足修复技术的应用	27	35	62
一、胼胝	1	2	
二、鸡眼	2	2	
三、寻常疣与跖疣	2	2	
四、手足癣	4	3	
五、掌跖角化病	1	2	
六、手足皲裂	1	1	
七、外伤性表皮囊肿	1	1	
八、瘢痕增生	1	1	
九、手足湿疹	2	2	
十、嵌甲	3	4	
十一、甲沟炎	2	2	
十二、甲旁肉芽肿	1	2	
十三、甲下血肿与甲下脓肿	1	1	
十四、厚甲	2	4	
十五、甲癣	3	6	
模块七　康复疗法	4	6	10
一、足跟痛	2	2	
二、足部疼痛综合征	1	1	
三、足部健康法	1	3	
总计	60	70	130

四、培训内容、要求及建议

<table>
<tr><th colspan="2">培训内容</th><th>培训要求</th><th>培训建议</th></tr>
<tr><td rowspan="6">模块一 基础知识</td><td>一、手足修复技术与封包削技术简介</td><td rowspan="6">理论知识要求：
1. 手足修复技术的修复范围
2. 封包削技术的基本概念
3. 手足皮肤的组织结构和指（趾）甲的构造
4. 手足的外观形态、骨骼结构以及足弓的作用
5. 手掌、足底及末节指（趾）的结构特点
6. 手足多汗与角化过度的原因</td><td rowspan="6">重点：
1. 手足修复技术修复的范围
2. 手足皮肤的组织结构和指（趾）甲的构造
3. 手足的外观形态和骨骼结构
难点：
1. 指（趾）甲的结构与功能
2. 手足角化过度的原因</td></tr>
<tr><td>二、手足修复人员应具备的素质</td></tr>
<tr><td>三、手足皮肤的结构与功能</td></tr>
<tr><td>四、指(趾)甲的结构与功能</td></tr>
<tr><td>五、手足的正常形态</td></tr>
<tr><td>六、手足多汗与角化过度</td></tr>
<tr><td rowspan="3">模块二 工具与物品的准备</td><td>一、刀具</td><td rowspan="3">理论知识要求：
1. 手术刀及抢刀的构造
2. 辅助工具的形状
3. 手足修复时所需物品及其用途
操作技能要求：
1. 掌握手术刀及抢刀的持刀方法
2. 掌握辅助工具的使用</td><td rowspan="3">重点：
1. 手足修复的刀具种类及手术刀片的型号
2. 手术刀及抢刀的持刀方法
3. 各种辅助工具的使用方法
难点：
手术刀及抢刀的持刀方法</td></tr>
<tr><td>二、辅助工具</td></tr>
<tr><td>三、物品的准备</td></tr>
</table>

续表

培训内容		培训要求	培训建议
模块三　消毒	一、工作室应具备的条件	理论知识要求： 1. 工作室应具备的条件和配备的设施 2. 消毒、灭菌的概念 3. 手足修复工作人员的卫生要求 操作技能要求： 1. 掌握工作室的消毒措施 2. 掌握常用消毒灭菌方法 3. 能正确进行抢刀的保养，掌握抢刀磨刀方法	重点： 1. 工作室的消毒方法 2. 抢刀的保养要求和刃磨 3. 工具及敷料的消毒 难点： 抢刀磨刀方法
	二、工作人员的卫生要求		
	三、工具及敷料的消毒		
	四、抢刀的保养与磨刀		
模块四　基本操作	一、修复时的姿势	理论知识要求： 1. 采用坐姿、卧姿、半卧姿的要求 2. 手足修复握手握脚的方法 3. 手足修复的刀术种类 操作技能要求： 1. 能根据手足病情况运用各种握手握脚的方法 2. 掌握手腕与手指在修复过程中的协调用力 3. 掌握手部保健操的做法 4. 掌握手足修复各种刀术操作 5. 掌握换药技术和手足包扎技术 6. 掌握封包削技术的封包 7. 掌握止血方法及晕刀的处理方法	重点： 1. 手足修复握手握脚的方法 2. 各种刀术的基本方法 难点： 1. 指力与腕力的使用 2. 手足修复各种刀术方法
	二、握手握脚的方法		
	三、指力与腕力		
	四、刀术		
	五、换药与包扎		
	六、意外情况的处理		

续表

<table>
<tr><th colspan="2">培训内容</th><th>培训要求</th><th>培训建议</th></tr>
<tr><td rowspan="5">模块五　判断技术</td><td>一、望诊</td><td rowspan="5">理论知识要求：
1．望诊的要领
2．问诊的内容
3．疼痛、瘙痒的一般规律
4．触诊的重要意义
5．炎症的原因及发生炎症时局部组织的变化
操作技能要求：
1．掌握望诊和问诊的技巧
2．掌握按诊的基本手法
3．掌握通过触诊判断病变程度和检查病变组织是否被清除的技巧</td><td rowspan="5">重点：
望、问、按、触四种判断技术的要领
难点：
望、问、按、触四种判断技术的彼此联系</td></tr>
<tr><td>二、问诊</td></tr>
<tr><td>三、按诊</td></tr>
<tr><td>四、触诊</td></tr>
<tr><td>五、炎症</td></tr>
<tr><td rowspan="4">模块六　手足修复技术的应用</td><td>一、胼胝</td><td rowspan="4">理论知识要求：
1．胼胝的易发部位及在不同阶段的变化
2．鸡眼的形成原因及其表现
3．寻常疣与跖疣的发生原因及其表现
4．手足癣的形成原因及其主要类型
5．掌跖角化病的原因
6．手足皲裂的原因及皲裂深度的划分
7．外伤性表皮囊肿的形成原因及其易发部位
8．瘢痕增生的产生原因</td><td rowspan="4">重点：
各种手足病症的主要表现和修复技术</td></tr>
<tr><td>二、鸡眼</td></tr>
<tr><td>三、寻常疣与跖疣</td></tr>
<tr><td>四、手足癣</td></tr>
</table>

续表

<table>
<tr><th colspan="2">培训内容</th><th>培训要求</th><th>培训建议</th></tr>
<tr><td rowspan="9">模块六　手足修复技术的应用</td><td>五、掌跖角化病</td><td rowspan="9">9. 手足湿疹的产生过程
10. 嵌甲的原因及其表现
11. 急性、慢性甲沟炎形成的原因
12. 甲旁肉芽肿的发生原因及其表现
13. 甲下血肿与脓肿的形成原因
14. 后天性厚甲的发生原因及其表现
15. 甲癣的形成原因及其表现
16. 甲癣与甲真菌病的关系
操作技能要求：
1. 掌握修复胼胝的手法
2. 掌握修复鸡眼的三种方法
3. 掌握修复寻常疣与跖疣的手法
4. 掌握手足癣的封包削技术
5. 掌握掌跖角化病修复技术
6. 掌握修复深度手足皲裂的方法
7. 掌握封包削外伤性表皮囊肿的手法
8. 掌握瘢痕增生的修复手法
9. 掌握手足湿疹的处理方法
10. 掌握一般修复及封包削嵌甲技术
11. 掌握急性与慢性甲沟炎的处理方法
12. 掌握甲旁肉芽肿的处理方法</td><td rowspan="9">难点：
各种手足病症的修复技术</td></tr>
<tr><td>六、手足皲裂</td></tr>
<tr><td>七、外伤性表皮囊肿</td></tr>
<tr><td>八、瘢痕增生</td></tr>
<tr><td>九、手足湿疹</td></tr>
<tr><td>十、嵌甲</td></tr>
<tr><td>十一、甲沟炎</td></tr>
<tr><td>十二、甲旁肉芽肿</td></tr>
<tr><td>十三、甲下血肿与甲下脓肿</td></tr>
</table>

续表

培训内容		培训要求	培训建议
模块六 手足修复技术的应用	十四、厚甲	13. 掌握甲下血肿与脓肿的处理方法 14. 掌握厚甲的一般性修复与封包削厚甲的方法 15. 掌握甲癣一般修复与封包削手法及用药	
	十五、甲癣		
模块七 康复疗法	一、足跟痛	理论知识要求： 1. 足跟痛的原因 2. 足部疼痛综合征的原因以及各部位疼痛的特点 3. 足部健康法的基本知识 操作技能要求： 1. 掌握足跟痛的按摩方法 2. 掌握松弛性跖痛症、足跟后部痛的按摩方法 3. 掌握足部健康法的保健手法	重点： 各种足部疼痛的原因及其表现 难点： 各种足部疼痛的康复疗法
	二、足部疼痛综合征		
	三、足部健康法		

五、培训设备

进行手足修复技能培训，要求建立能满足培训需要的实训室。实训室应配置保健床、坐椅、放脚凳、小板凳等设施。手足修复培训基本实习设备条件可参考下表。

手足修复培训基本实习设备条件参考标准

序号	基本培训用具和设备名称		备注
1	刀具	手术刀	选用不锈钢刀具，常用规格为 3 号，一般使用的刀片为 10 号、11 号、15 号
2		抢刀	不锈钢或铁制一体刀具
3	辅助工具	血管钳	
4		蚊嘴钳	
5		组织钳	
6		有齿镊	
7		无齿镊	
8		外科组织剪	
9		眼科手术剪	
10		眼科刮勺	
11	其他物品	有盖方盘	
12		有盖杯（罐）	
13		镊子罐	
14		医用橡胶手套	选用一次性产品
15		塑料袋	选用一次性产品，60 cm×60 cm
16		消毒垫或消毒纸	选用一次性产品
17		毛巾	选用一次性毛巾或消毒毛巾
18		纱布块	5 cm×5 cm
		脱脂棉	
19		绷带	4 列、5 列、6 列绷带
20		胶布	

说明：表中列举的手足修复用具和设备是完成本培训要求所必备的基本培训实习设备。培训机构可根据自身培训规模，在保证培训内容和课时的前提下对这些培训设备的数量作合理安排。

国家级短期培训系列教材目录

书名	定价（元）	书名	定价（元）
1. 公共（引导性培训）类		插花	9.00
进城务工教育读本（第二版）	9.00	园艺工基本技能	13.00
进城务工指导 VCD（2 盘）	40.00	环卫保洁基本技能	6.00
安全生产普及知识百问百答	12.00	**3. 美容与保健类**	
农民工权益维护指南（第二版）	3.50	美容基本技能	7.00
农民工安全生产指南	2.00	美容基本技能（第二版）	估 7.00
农民工艾滋病防治教育 30 问	5.00	美发基本技能	7.00
2. 社区服务类		美发基本技能（第二版）	估 7.00
家庭保洁	7.00	美发助理	5.00
家庭服务基本技能	6.00	美甲基本技能	估 5.00
家庭钟点服务基本技能	6.00	保健按摩基本技能	6.00
婴幼儿护理	8.00	保健按摩基本技能（第二版）	估 6.00
养老护理	6.00	保健拔罐基本技能	7.00
护理员基本技能	9.00	手足修复	9.00
月嫂服务实用技能	9.00	**4. 餐饮酒店类**	
保安基础知识与技能	8.00	餐厅服务基本技能	7.00
社区保洁	7.00	客房服务基本技能	6.00
社区保洁（第二版）	估 12.00	烹饪基本技能	9.00
社区保安	8.00	烹饪原料加工基本技能	8.00
社区绿化	10.00	中式面点制作	7.00
社区房屋维修	7.00	西式面点制作	6.00
物业电工基本技能	7.00	蔬菜脱水干制技能	10.00
社区公共设备管理	7.00	糕点制作基本技能	10.00
社区管道设备维护	7.00	屠宰工基本技能	6.00

续表

书名	定价（元）	书名	定价（元）
餐饮服务基本技能	15.00	装配钳工基本技能	7.00
5. 制造与修理类		工具钳工基本技能	8.00
车工基本技能	7.00	数控加工中心操作基本技能	7.00
钳工基本技能	10.00	起重机械操作技能	9.00
铣工基本技能	8.00	电梯运行操作与日常维护保养	6.00
磨工基本技能	12.00	电梯机械维修基本技能	7.00
镗工基本技能	8.00	电梯电气维修基本技能	6.00
焊工基本技能	10.00	电梯安装调试基本技能	7.00
锻造工基本技能	10.00	电子调试工基本技能	9.00
铸造工基本技能	7.00	制冷设备使用与维修	9.00
铸造工基本技能（第二版）	估 8.00	电动自行车组装基本技能	6.00
冷作钣金工基本技能	7.00	小家电使用与维修	8.00
冷作工基本技能	估 8.00	电视机修理	估 16.00
热处理工基本技能	估 8.00	洗衣机修理	估 15.00
机械识图入门	7.00	采煤工基本技能	估 15.00
电工基本技能	12.00	矿井通风工基本技能	估 15.00
维修电工基本技能	11.00	挖掘机操作基本技能	估 12.00
电子装接工基本技能	7.00	煤矿搬运工基本技能	估 12.00
摩托车修理基本技能	7.00	厨卫家电使用与维修基本技能	估 12.00
汽车维护基本技能	14.00	**6. 服装制作类**	
汽车修理基本技能	10.00	服装加工基本技能	15.00
锅炉设备安装	8.00	服装制作基本技能	12.00
司炉工基本技能	8.00	服装缝纫基本技能	5.00
印刷工基本技能	10.00	手工编织	10.00
电工电子基础知识	7.00	制鞋工基本技能	8.00

续表

书名	定价（元）	书名	定价（元）
挡车工基本技能	7.00	Internet 入门与应用	7.00
服装洗涤整烫基本技能	5.00	PowerPoint 入门与应用	8.00
7. 建筑与装饰类		FrontPage 入门与应用	8.00
砌筑工基本技能	8.00	Outlook 入门与应用	8.00
架子工基本技能	9.00	文秘基础知识与技能	12.00
钢筋工基本技能	7.00	计算机速录基本技能	10.00
管道工基本技能	9.00	**10. 专项职业能力考核培训类**	
木工基本技能	10.00	服装缝纫车工	15.00
防水工基本技能	13.00	制鞋针车工	6.00
混凝土工基本技能	5.00	朝鲜族冷面制作	8.00
装饰装修电工基本技能	估 12.00	食品雕刻技能	6.00
道路施工基本技能	6.00	服务行业普通话	7.00
8. 商业服务类		商务英语口语（配盘）	7.00
超市仓库保管	7.00	酒店英语（配盘）	12.00
超市收银员	6.00	汽车发动机维护	估 13.00
超市理货员	7.00	汽车底盘维护	13.00
市场营销基本技能	6.00	汽车电气设备维护	11.00
9. 文秘与计算机类		汽车发动机故障诊断与排除	5.80
计算机组装基本技能	11.00	汽车底盘故障诊断与排除	估 7.00
文字录入与处理	8.00	汽车电气设备故障诊断与排除	10.00
Windows XP 入门与应用	7.00	汽车综合检测与诊断	18.00
Word 入门与应用	8.00	汽车音响改装	估 14.00
Excel 入门与应用	9.00	汽车美容技能	12.00
Photoshop 入门与应用	10.00	CNC 雕刻机操作技能	16.00
Visual FoxPro 入门与应用	8.00	空调安装清洗	估 12.00